注音读物

重返恐龙时代

恐龙昌盛

书童文化 编

吉林摄影出版社

·长春·

图书在版编目（CIP）数据

重返恐龙时代 . 恐龙昌盛 / 书童文化编 . -- 长春：
吉林摄影出版社，2021.2
ISBN 978-7-5498-4841-6

Ⅰ . ①重… Ⅱ . ①书… Ⅲ . ①恐龙 – 少儿读物 Ⅳ .
① Q915.864-49

中国版本图书馆 CIP 数据核字 (2021) 第 006941 号

CHONGFAN KONGLONG SHIDAI KONGLONG CHANGSHENG

重返恐龙时代　恐龙昌盛

编　　者	书童文化		印　　次	2021年2月第1次印刷
出 版 人	孙洪军		出　　版	吉林摄影出版社
责任编辑	吴　晶　李双双		发　　行	吉林摄影出版社
特约编辑	蔡　波　拍子超		地　　址	长春市净月高新技术开发区福祉大路 5788号
装帧设计	陈彩虹　王　航			邮　　编：130118
开　　本	889mm×1194mm　1/20		网　　址	www.jlsycbs.net
字　　数	52 千字		电　　话	总编办：0431-81629821
印　　张	2.6			发行科：0431-81629829
版　　次	2021年2月第1版		印　　刷	深圳市鹏兴达印刷包装有限公司

ISBN 978-7-5498-4841-6　　　　　　　　　定　价：16.80元

目录

恐龙活动时间表

三叠纪
2.51 亿年前 ~ 2 亿年前

侏罗纪
2 亿年前 ~ 1.45 亿年前

白垩纪
1.45 亿年前 ~ 6500 万年前

走进白垩纪

白垩纪是中生代最后一个时期，泛古陆完全分裂成现在的各大陆，但是它们和现在的位置不完全相同。这些板块运动，形成了大量的海底山脉，进而造成全球性的海平面上升，这为恐龙分化得更加多姿多彩创造了环境。

不同大陆的恐龙开始往不同的方向演化，产生出很多新的物种，比如似鳄龙、小盗龙和禽龙。今天我们所熟悉的开花植物（被子植物）最早出现于侏罗纪晚期，然后在白垩纪初期崭露头角。到了白垩纪晚期，开花植物在许多环境中取代了针叶树、蕨类和苏铁，为其统治新生代世界奠定了基础。

尾羽龙

尾羽龙只有火鸡大小，前肢已经演化成了翼状，上面长满大片光彩夺目、颜色亮丽的羽毛，尾巴上长有扇形排列的尾羽，全身覆着茸毛状的短毛。尾羽龙的尾椎骨比大多数恐龙的都要短，这表明尾羽龙的尾巴不能像大多数恐龙的尾巴那样用来平衡身体。

小档案

名称：尾羽龙　　　　**身长**：1米

食性：未知　　　　　**生活时期**：白垩纪

化石发现地：中国

尾羽龙身上的羽毛还不能支持它飞行，但有利于它保持体温和吸引异性。

虽然我长了光鲜亮丽的羽毛，但我并不是鸟类。

重爪龙

rén men zài zhòng zhǎo lóng huà shí de wèi li fā xiàn le yì xiē wèi wán quán xiāo huà de kǒng
人们在重爪龙化石的胃里发现了一些未完全消化的恐

lóng cán hái yīn cǐ pàn duàn tā chú le chī yú yě huì bǔ shí lù dì dòng wù tā de zuǐ
龙残骸，因此判断它除了吃鱼，也会捕食陆地动物。它的嘴

li zhǎng yǒu kē fēng lì de yá chǐ yá chǐ chéng yuán zhuī zhuàng ér fēi zài ròu shí xìng kǒng
里长有96颗锋利的牙齿，牙齿呈圆锥状而非在肉食性恐

lóng zhōng bǐ jiào pǔ biàn de dāo zhuàng
龙中比较普遍的刀状。

小档案

名称：重爪龙　　　　**身长**：9米

食性：肉食性　　　　**生活时期**：白垩纪

化石发现地：不列颠群岛、西班牙、葡萄牙

4

　　重爪龙学名的意思是"沉重的爪子"，这是因为它前肢拇指上长着锋利的大爪子，爪子长约30厘米，是它的捕鱼利器。

重爪龙和棘龙一样，鼻孔长在吻部末端，所以当它把嘴巴伸进水里仍可正常呼吸。

我的指爪和似鳄龙非常像。

5

禽龙

我的脸长长的，是不是和马很像？

禽龙学名的意思是"鬣蜥的牙齿",因为它的牙齿和鬣蜥的牙齿形状简直一模一样,只不过大了20倍。禽龙身躯笨重,平时四肢行走,以低矮植物为食,不过,它的后肢比前肢粗壮,遇到危险的时候就单用后肢快速奔跑。

科学家推测,禽龙喜欢临水而居,当受到敌人攻击时,它可以快速地潜入水中躲避。

小档案

名称:禽龙 **身长**:9米

食性:植食性 **生活时期**:白垩纪

化石发现地:比利时、德国、法国、西班牙、英格兰

小秘密

禽龙前爪的中间三指并拢在一起形成蹄状,可以承受身体的重量。小指细长并可以弯曲,方便抓握。大拇指呈矛状,可用于自卫。

似鳄龙学名的意思是"类似于鳄鱼"，这是因为它的吻部和牙齿都与鳄鱼非常相似。似鳄龙生活在草木葱郁的沼泽地，主要以鱼类为食，一口利牙就是它捕食鱼类和其他水生动物的主要武器。

似鳄龙嘴里长有一百多颗牙齿，牙齿向后弯曲，就像耙子的齿一样。

小档案

名称：似鳄龙　　**身长**：9米

食性：肉食性　　**生活时期**：白垩纪

化石发现地：非洲

小秘密

似鳄龙的鼻孔长在吻部上方，这样不论是把嘴巴伸进水里捕鱼，还是伸进恐龙尸体内撕扯，它都可以正常呼吸。

加斯顿龙

jiā sī dùn lóng shì míng fù qí shí de yí dòng diāo bǎo　　xiàng dāo piàn yí yàng de jù dà
加斯顿龙是名副其实的移动碉堡——像刀片一样的巨大

gǔ jí fù gài quán shēn　　tā méi yǒu wěi chuí　　dàn tā de wěi ba shang zhǎng yǒu jí cì　　huī
骨棘覆盖全身。它没有尾锤，但它的尾巴上 长有棘刺，挥

dòng wěi ba yě néng yǒu xiào gōng jī duì shǒu
动尾巴也能有效攻击对手。

? 小秘密

科学家推测，为了争夺领地和配偶，雄性加斯顿龙会用头部互相撞击打斗。

小档案

名称:加斯顿龙	**身长**:4米
食性:植食性	**生活时期**:白垩纪
化石发现地:美国	

加斯顿龙用四肢行走，披着沉重的盔甲。

恐爪龙

恐爪龙学名的意思是"恐怖的爪子"，它因巨大的爪子而出名。科学家一致认为，为了保证长爪足够锋利，恐爪龙行走的时候会将大爪收起来，避免其在地上被磨钝。恐爪龙喜欢集体捕猎，这样就能捕食比自己大好多倍的猎物。

小档案

名称：恐爪龙　　**身长**：3米

食性：肉食性　　**生活时期**：白垩纪

化石发现地：美国

小盗龙

xiǎo dào lóng xué míng de yì si shì　　xiǎo dào zéi　　 tā shì
小盗龙学名的意思是"小盗贼"，它是

yǐ zhī de zuì xiǎo de ròu shí xìng kǒng lóng zhī yī　　xiǎo dào lóng quán shēn
已知的最小的肉食性恐龙之一。小盗龙全身

fù gài zhe yǔ máo　　dàn tā bú shì niǎo lèi　　qián zhī shang chú le yǔ
覆盖着羽毛，但它不是鸟类，前肢上除了羽

máo hái zhǎng yǒu dà zhuǎ zi　　xiǎo dào lóng chì bǎng shang méi yǒu zhèn chì suǒ
毛还长有大爪子。小盗龙翅膀上没有振翅所

xū de fēi xíng jī　　bú guò　　kē xué jiā cāi cè tā kě yǐ cóng gāo chù
需的飞行肌，不过，科学家猜测它可以从高处

wǎng xià huá xiáng
往下滑翔。

小秘密

科学家在中国找到了很多小盗龙的化石，在那些保存完好的化石上面有小盗龙四肢长着羽毛的印痕，所以科学家才断定小盗龙全身覆盖着羽毛。

小档案

名称: 小盗龙	**身长**: 1米
食性: 肉食性	**生活时期**: 白垩纪
化石发现地: 中国	

长长的羽毛在地
面上会很碍事，因此
我一般待在树上。

小盗龙捕食地面上的小型动物。随着研究的深入，有科学家推测小
盗龙还会以鱼类为食。

中华龙鸟

rén men zài zhōng guó liáo níng shěng zhǎo dào le yí jù dú tè de dòng wù huà shí zhōng
人们在中国辽宁省找到了一具独特的动物化石——中

huá lóng niǎo zhè jù huà shí shang yǒu míng xiǎn de yǔ máo yìn hén yīn cǐ kē xué jiā pàn duàn
华龙鸟，这具化石上有明显的羽毛印痕。因此科学家判断，

zhè zhǒng dòng wù bèi bù hé shēn tǐ liǎng cè dōu zhǎng zhe róng máo zhuàng de yǔ máo néng yǒu xiào
这种动物背部和身体两侧都长着茸毛状的羽毛，能有效

liú zhù rè liàng bǎo chí tǐ wēn
留住热量，保持体温。

小秘密

中华龙鸟又叫中国鸟龙。20 世纪 90 年代中期，科学家们在中国辽宁境内发现了一具形状像鸟的动物的化石，以为这是一种远古时期的鸟类，于是就给它取名"中华龙鸟"。然而，后来的研究表明，这种远古时期的动物身上还具有很多恐龙的特征，所以科学家判断这种动物并不是真正意义上的鸟，而是一种独特的恐龙。

中华龙鸟的体形很小，骨头中间是空心的。

我不是鸟，我是恐龙！

小档案

名称: 中华龙鸟　　**身长:** 1 米

食性: 肉食性　　**生活时期:** 白垩纪

化石发现地: 中国

阿拉善龙

1988年，人们在中国内蒙古找到了五件恐龙的化石标本，后来这些恐龙被命名为阿拉善龙。阿拉善龙的牙齿不像大部分肉食性恐龙那样锋利，因此科学家推断它是植食性恐龙。

小档案

名称：阿拉善龙　　**身长**：4 米

食性：植食性　　**生活时期**：白垩纪

化石发现地：中国

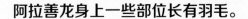
阿拉善龙身上一些部位长有羽毛。

如果我与天敌狭路相逢，我可不会逃之夭夭，而是勇敢地与对方进行殊死搏斗。

小秘密

　　阿拉善龙的化石胃部饱满，科学家据此推测阿拉善龙每天都要进食大量的叶子。由于吃得太多，阿拉善龙的奔跑速度应该不会太快。

阿马加龙

我喜欢一边走，一边吃路边的树叶。

1984 年，人们在阿根廷发现了一具几乎完整的阿马加龙骨架化石。

阿马加龙属于梁龙类，但它的脖子相对较短。

阿马加龙的颈部和背上长着两排独特的背棘，尾巴处则合并成一排。科学家猜测：每根骨棘之间有皮质膜相连，在背部形成帆；也可能没有膜相连，形成钉刺状的鬃发。

小秘密

阿马加龙背上的骨棘形成帆有什么作用，至今仍是一个谜。有科学家猜测阿马加龙的背上根本就没有帆，这些骨棘只能发出嘎嘎的响声。

小档案

名称：阿马加龙　　**身长**：11 米

食性：植食性　　**生活时期**：白垩纪

化石发现地：阿根廷

阿根廷龙

截至目前，科学家只找到了阿根廷龙的一些零碎骨头化石，其中包括很多脊椎骨，每块脊椎骨都高达1.8米。科学家认为阿根廷龙的体长可能超过了网球场的长度，体重则抵得上20头大象的重量。因此，阿根廷龙绝对称得上是陆地上曾生存过的最大、最重的动物之一。

小秘密

阿根廷龙的蛋和橄榄球一般大小，孵化出的小阿根廷龙完全长大需要花40年的时间。

22

别看我身躯高大，
我很怕马普龙。

小档案

名称: 阿根廷龙　　**身长**: 30 米

食性: 植食性　　**生活时期**: 白垩纪

化石发现地: 阿根廷

白垩纪时期，很多蜥脚类恐龙逐渐灭绝了，而阿根廷龙幸运地生存了下来。

棘龙

小档案

名称：棘龙　　身长：12~18 米

食性：肉食性　　生活时期：白垩纪

化石发现地：摩洛哥、利比亚、埃及

我如此与众不同，一点儿也不怕霸王龙。

棘龙是公认的陆地上体形最大的肉食性恐龙，比霸王龙还要大，它这么魁梧的主要原因是背上长着一面巨大的帆。棘龙是水陆两栖动物，习性和现在的鳄鱼简直一模一样。除了吃鱼，棘龙可能还会捕食比自己小的恐龙和其他动物。

小秘密

关于棘龙背帆的作用存在两种观点：一种观点认为背帆接触空气面积大，方便棘龙散热；另一种观点则认为背帆和现在骆驼的驼峰一样，用于储存能量。

9300万年前，地球的海平面下降，棘龙赖以生存的沼泽地变得干旱，棘龙随之灭绝了。

慈母龙

人们在美国蒙大拿州发现了许多集中在一起的碗状的慈母龙巢穴。科学家猜想这个化石发现地是成年慈母龙一起筑巢、共同抚养照顾幼崽的地方，慈母龙的这种生活习性和现在的海鸟相似。慈母龙平时用四肢行走，奔跑时既可以用四肢又可以只用后肢。

小档案

名称: 慈母龙　　　　**身长**: 9 米

食性: 植食性　　　　**生活时期**: 白垩纪

化石发现地: 美国

小秘密

1985 年，慈母龙的化石被送上了太空，于是，慈母龙成为第一个进入太空的恐龙。

我是会游泳的恐龙。

慈母龙是恐龙家族名副其实的好妈妈，在生蛋、孵蛋和养育的过程中，慈母龙都会尽职尽责地坚守自己的岗位。

魁纣龙

嘴巴是魁纣龙的主要武器，它很少用前肢攻击对手。

我身体的粗壮程度稍逊于霸王龙，但我的勇猛和战斗力，比起霸王龙有过之而无不及。

我国古代有个暴君，叫商纣王。魁纣龙以"纣"命名，正是出于这种恐龙的凶狠、暴烈的本性。魁纣龙学名的意思就是"暴君巨人"，它体形庞大，在已知的肉食性恐龙中排名第七位。在它们生存的时代，魁纣龙无疑是顶级掠食者和当之无愧的霸主。

小档案

名称: 魁纣龙		**身长**: 13.5 米	
食性: 肉食性		**生活时期**: 白垩纪	
化石发现地: 阿根廷			

小秘密

魁纣龙不仅在陆地上称王，还可以借助尾巴在水里快速游动，和它同时期、同地域的水生动物也都逃不出它的魔爪。

窃蛋龙的大小类似鸵鸟，长有尖爪、长尾，科学家推测它运动能力很强，行动敏捷。坚韧的长尾巴和袋鼠类似，可以平衡身体，帮助窃蛋龙快速奔跑。窃蛋龙平时喜欢吃植物的果实，但当植物果实减少时，它也会吞食一些小型软体动物，比如淡水蚌、蛤蜊等。

小档案

名称：窃蛋龙　　**身长**：2米

食性：杂食性　　**生活时期**：白垩纪

化石发现地：亚洲

小秘密

人们最初发现窃蛋龙化石时，还发现了一窝恐龙蛋和一只原角龙的化石，人们据此推测窃蛋龙在偷原角龙的蛋，所以将其命名为"窃蛋龙"。但后来的研究发现，窃蛋龙是在保护自己的蛋，而原角龙只是路过而已。

恐龙时代的天空

zài niǎo lèi chū xiàn zhī qián　kōng zhōng hái
在鸟类出现之前，空中还

huó yuè zhe huì fēi xiáng de pá xíng lèi　　yì lóng
活跃着会飞翔的爬行类——翼龙。

yì lóng bú shì kǒnglóng　ér shì kǒnglóng de jìn qīn　yì lóng zuì zǎo chū
翼龙不是恐龙，而是恐龙的近亲。翼龙最早出

xiàn yú jù jīn　　yì nián qián de sān dié jì wǎn qī　　yì zhí cún
现于距今2.15亿年前的三叠纪晚期，一直存

huó dào jù jīn　　wàn nián qián de bái è jì wǎn qī
活到距今6500万年前的白垩纪晚期。

大名鼎鼎的有翅恐龙始祖鸟，生活在距今1.5亿年前的侏罗纪晚期。它就像是恐龙进化变成鸟类的链条上那"缺失的一环"，它除了鸟类特征，同时具有兽脚亚目恐龙的特征。所以，始祖鸟化石的发现是鸟类由恐龙演化而来这一猜想的有力证据。

真双型齿翼龙

小档案

名称: 真双型齿翼龙　　**翼展:** 1米

食性: 肉食性　　　　　**生活时期:** 三叠纪

化石发现地: 意大利、格陵兰岛

我身上长着毛茸茸的毛，这样我们在空中翱翔的时候，就不怕冷啦。

真双型齿翼龙是最早飞上天空的翼龙之一。它的体形看起来就像一只大鸟，但翅膀与今天的蝙蝠一样，是由一种坚韧的皮膜构成的。它能在空中滑翔，然后迅疾俯冲捕食鱼类或昆虫。尾巴末端的菱形皮膜能帮助它在飞行时掌控方向。

小秘密

别看真双型齿翼龙嘴巴不大，里面却密密麻麻长着一百多颗牙齿。它那向外突出的牙齿能轻松叼住滑溜溜的鱼，而口腔后部的牙齿则用来咀嚼食物。

真双型齿翼龙是攀岩高手，常常攀爬到岸边的岩石上，伏击猎物。

蓓天翼龙

蓓天翼龙是小型杂食性动物，主要捕食昆虫，是目前已知最早的真正能振翅飞行的脊椎动物之一。它的骨架很轻盈，非常接近现代鸟类，体重只有100克左右。

? 小秘密

现有的蓓天翼龙化石不完整，所以还不清楚它的一些身体特征，但科学家通过分析认为，蓓天翼龙是最原始的翼龙，并很可能是真双型齿翼龙的祖先。

小档案

名称: 蓓天翼龙　　**翼展:** 60厘米

食性: 杂食性　　**生活时期:** 三叠纪

化石发现地: 意大利

蓓天翼龙牙齿呈圆锥形，利于咬碎昆虫坚硬的外壳。

喙嘴龙

喙嘴龙是一种长尾短颈的翼龙,体形不大,但翅膀很长,还有一条长长的尾巴。相较于长长的尾巴和翅膀,它的腿却短得不成比例,因此可以推断,它在地面上活动时一定不是很灵活。

小秘密

喙嘴龙的生长相当缓慢,并且还会在生长过程中发生形态变化:幼年喙嘴龙的尾端呈柳叶刀形,成年后则变成钻石形。

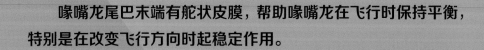

喙嘴龙尾巴末端有舵状皮膜,帮助喙嘴龙在飞行时保持平衡,特别是在改变飞行方向时起稳定作用。

小档案

名称：喙嘴龙　　　**翼展**：1.75 米

食性：肉食性　　　**生活时期**：侏罗纪

化石发现地：欧洲、非洲

我生活在沿海地区，随时可以捕食鱼类。

无齿翼龙

无齿翼龙学名的意思是"没有牙齿的翼龙"，它的体形大小在翼龙中名列前茅。科学家普遍认为，无齿翼龙喜欢成群结队地活动。它们在海面上飞行并搜寻鱼类，一旦发现目标，便用细长的尖嘴将猎物叼起。

? 小秘密

无齿翼龙很可能是像现在的信天翁那样飞行，主要借助风力翱翔，只偶尔挥动翅膀。

科学家推测无齿翼龙的头冠主要是用来求偶或区分性别，雄性头冠比雌性的大。

我的翅膀太大，无法停留在水上。

小档案

名称: 无齿翼龙　　**翼展:** 7~9米

食性: 肉食性　　**生活时期:** 白垩纪

化石发现地: 北美洲

风神翼龙

fēng shén yì lóng de gǔ gé fēi cháng qīng yíng   jǐn zhòng yuē   qiān kè   tā kě yǐ
风神翼龙的骨骼非常轻盈，仅重约250千克。它可以

zài bái tiān chí xù hǎo jǐ gè xiǎo shí zuò yuǎn jù lí de fēi xíng   sōu xún xiǎo xíng kǒng lóng huò kǒng
在白天持续好几个小时作远距离的飞行，搜寻小型恐龙或恐

lóng yòu zǎi   bìng yòng dà dà de jiān zuǐ bǔ shí tā men   fēng shén yì lóng de tǐ xíng bǐ wú chǐ
龙幼崽，并用大大的尖嘴捕食它们。风神翼龙的体形比无齿

yì lóng hái yào dà
翼龙还要大。

小档案

名称: 风神翼龙   **翼展:** 10 ~ 11 米

食性: 肉食性   **生活时期:** 白垩纪

化石发现地: 美国

小秘密

风神翼龙的化石最初发现于美国得克萨斯州，由于体形巨大，它得到现在这个神气的名字。"风神"是阿兹特克文明里一位能飞行的神灵的名字。

别看我没有牙齿，但我喜欢吃肉。

科学家推测，如果风神翼龙在空中发现落单的出生不久的小霸王龙，也会冲下去将它一口吞掉。

始祖鸟

我是目前公认最早的鸟类之一，但我还具有很多兽脚类恐龙的特征。

小秘密

　　第一具始祖鸟化石是在达尔文发表《物种起源》之后两年发现的，它的出现证实了达尔文的理论。

小档案

名称：始祖鸟　　身长：30厘米
食性：肉食性　　生活时期：侏罗纪
化石发现地：德国

1861 年，人们找到了第一具完整的始祖鸟化石。始祖鸟的尾巴和翅膀上都长有羽毛，但前肢上仍有巨大的爪子，尾椎也还没退化，嘴里长有锋利的牙齿，嘴巴也不是鸟类那样的喙嘴。始祖鸟的体形和一只鸽子差不多，它缺乏振翅飞翔的飞行肌，因此科学家认为它是靠滑翔飞上天空的。

始祖鸟后肢的脚趾不能抓握树枝，所以它主要是在地面上活动。

内容回顾

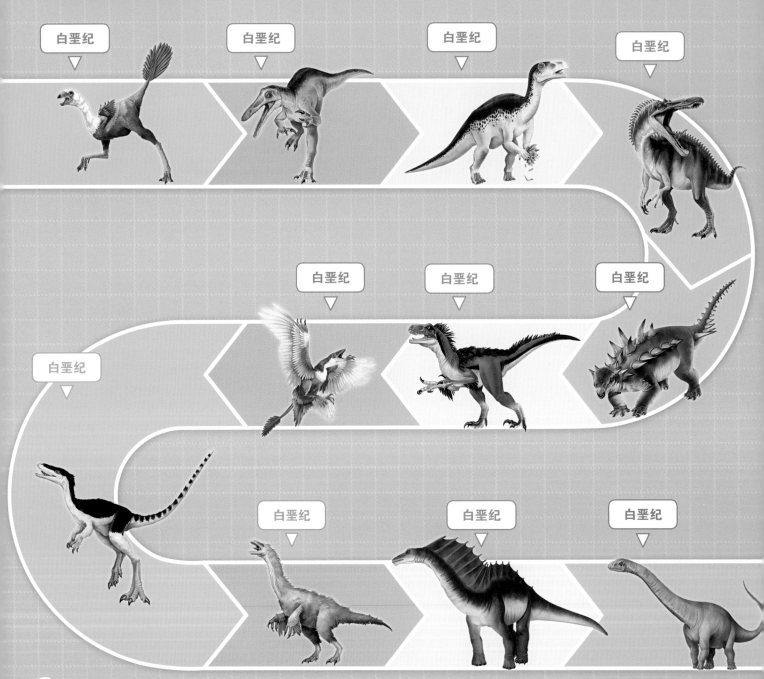

白垩纪

白垩纪

白垩纪

白垩纪

白垩纪

白垩纪

白垩纪

白垩纪

白垩纪

白垩纪

白垩纪

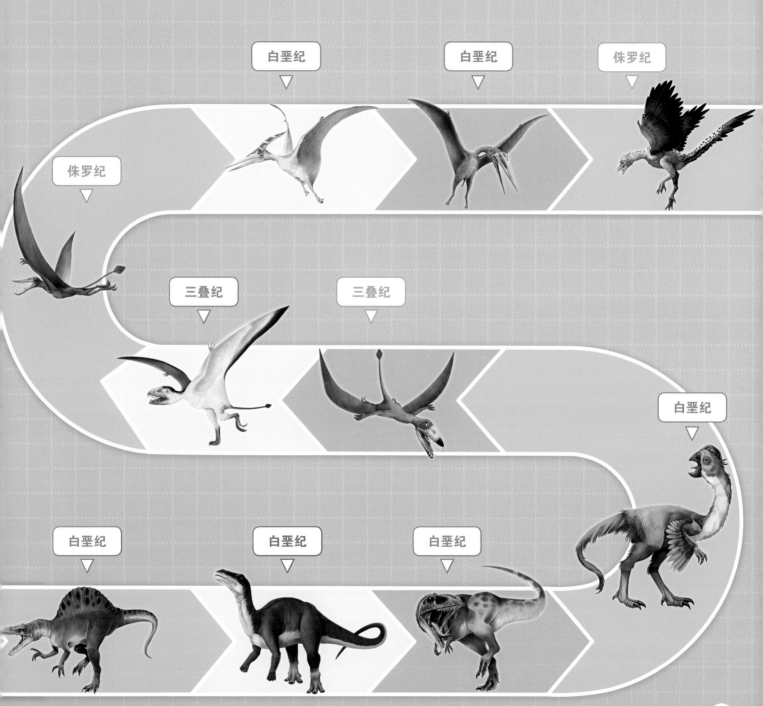

白垩纪

白垩纪

侏罗纪

侏罗纪

三叠纪

三叠纪

白垩纪

白垩纪

白垩纪

白垩纪

恐龙和鸟类

通过比较最早的鸟类和小型兽脚亚目恐龙的骨骼化石，科学家得出结论：鸟类是恐龙的直系后代。鸟类和恐龙有非常多的相似之处，因此许多科学家把鸟类称为"鸟恐龙"。

从第一种鸟类出现至今，先后已有15万种鸟类在地球上生存过。鸟类是数量最多、种类最丰富的动物之一，今天的世界上生活着超过9000种、数千亿只鸟。想想看吧，你认识或不认识的鸟类全部是小型兽脚亚目恐龙的后代！